LA VRAIE MANIÈRE
D'ÉLEVER ET DE MULTIPLIER
LES LAPINS
A LA VILLE ET A LA CAMPAGNE,

Contenant

LA MANIÈRE DE LES NOURRIR, DE LES GUÉRIR DE LEURS MALADIES ;
LES SOINS A DONNER AUX NOURRICES ET AUX LAPEREAUX ; LES QUALITÉS
QUE L'ON DOIT RECHERCHER DANS LE LAPIN ;
MANIÈRE DE CONSTRUIRE LES CABANES, ETC. (Voir la Table, p. 36.)

MOYEN

Sûr et facile de se faire un revenu de 2,000 fr.

INDUSTRIE A LA PORTÉE DE TOUTES LES CLASSES.

TROISIÈME ÉDITION, CONSIDÉRABLEMENT AUGMENTÉE.

PAR

LOUIS RAVAGEAUX,
Agronome à Tricot.

Prix : 50 centimes.

A PARIS,
CHEZ TISSOT, LIBRAIRE,
RUE DE LA HARPE, 19

1850

LA VRAIE MANIÈRE
D'ÉLEVER ET DE MULTIPLIER
LES LAPINS
A LA VILLE ET A LA CAMPAGNE,

Contenant

LA MANIÈRE DE LES NOURRIR, DE LES GUÉRIR DE LEURS MALADIES; LES SOINS A DONNER AUX NOURRICES ET AUX LAPEREAUX; LES QUALITÉS QUE L'ON DOIT RECHERCHER DANS LE LAPIN; MANIÈRE DE CONSTRUIRE LES CABANES, ETC. (Voir la Table, p. 56.)

MOYEN
Sûr et facile de se faire un revenu de 2,000 fr.

INDUSTRIE A LA PORTÉE DE TOUTES LES CLASSES.

TROISIÈME ÉDITION, CONSIDÉRABLEMENT AUGMENTÉE.

PAR
LOUIS RAVAGEAUX,
Agronome à Tricot.

Prix : 50 centimes.

A PARIS,
CHEZ TISSOT, LIBRAIRE,
RUE DE LA HARPE, 19.

1850

EXPLICATION DE LA GRAVURE.

Coupe longitudinale suivant la longueur.

1. Fond incliné doublé de zinc.
2. Châssis grillé.
3. Auge pour recevoir le son et les grains.
4. Râtelier placé sur un des côtés.
5. Porte grillée dite porte à tabatière.
6. Tuyau conduisant les urines.
7. Seau recevant les urines.

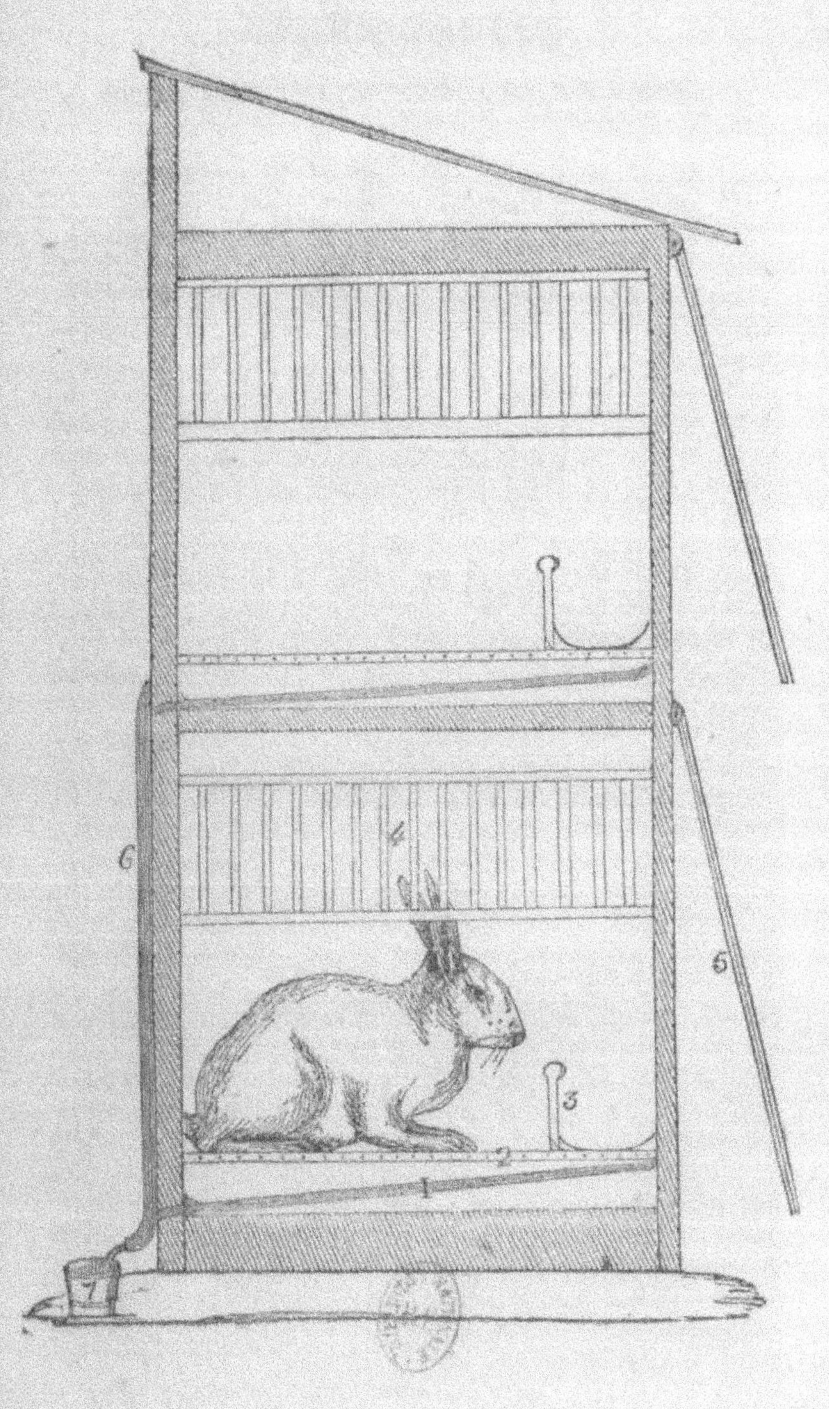

4
6
5
3
2
1
7

AVANT-PROPOS

QU'IL EST INDISPENSABLE DE LIRE.

Deux éditions de ce petit ouvrage ont été épuisées dans très-peu de temps. La seconde, qui a paru dans le courant de 1848 pendant la grande crise commerciale, ne s'est pas épuisée avec moins de rapidité que la première. Ce succès parle assez haut en sa faveur pour me dispenser d'en faire l'éloge. L'accueil bienveillant qu'il a reçu de la part du public intelligent et amateur d'économie domestique, est la seule récompense à laquelle j'aspirais. Mais je dois avouer que les incrédules qui, sans avoir voulu prendre la peine de lire attentivement jusqu'à la fin, s'étant contentés de lire tout simplement le titre, se sont écriés : « Gagner 2,000 fr. de rentes en élevant des lapins! En vérité, l'auteur de cette brochure se moque du public et le trompe par ses mensonges. » Et ils ajoutaient : « L'auteur n'a pas réfléchi, sans doute, qu'on ne peut élever des lapins dans les grandes villes aussi bien que dans la campagne, attendu qu'il s'élève sans cesse des contestations avec les propriétaires et les voisins. » Ils disaient encore qu'une des principales causes qui empêchent la multiplication des lapins, c'est la mortalité, qui enlève souvent des portées entières, et décourage l'éleveur, qui voit perdre le fruit de ses labeurs. On objectait ensuite que la réunion des lapins vicie l'air et cause des maladies ; et mille autres objections qui n'ont pas plus de fondement que les précédentes. Ils ne savaient sans doute pas que j'avais prévu ces objections et que je pouvais y répondre victorieusement, comme peuvent le voir ceux qui liront jusqu'à la fin. D'abord, on évitera toute contestation avec l'autorité, avec les propriétaires et les voisins, si l'on construit le clapier et les cabanes suivant le modèle que j'en donne et avec toutes les dimensions et précautions que j'ai prescrites dans les chapitres traitant des *garennes* et des *cabanes*. Par ce moyen, on préviendra et les dégâts et la mauvaise odeur qui pourraient être occasionnés par ces animaux. Qu'on suive en tous points toutes les indications, et on n'aura pas à craindre de contestations. On trouvera également un chapitre contenant les lois relatives aux garennes et aux lapins.

On a parlé de la mortalité qui frappe les lapins. Quels sont les animaux qui ne sont pas exposés à des épizooties, à des maladies qui font de grands ravages? Mais on préviendra les maladies par les soins, par la propreté, par les précautions hygiéniques que l'on trouvera détaillées au chapitre intitulé : *Soins à donner aux lapereaux et précautions hygiéniques*. On observera bien aussi tout ce qui est prescrit pour la nourriture et le coucher. Quand les maladies seront déclarées, on les guérira en employant les remèdes prescrits au chapitre des *Maladies*. En un mot, de l'air, de la propreté, des soins, cela suffit pour prévenir et guérir la plupart des maladies.

La réunion des lapins ne vicie point l'air et n'engendre pas de maladies. Il a été reconnu que, dans ce cas, les habitants ne tarderaient pas à s'en apercevoir, avant que l'air ait pu contracter des qualités malfaisantes; d'ailleurs, la mortalité complète des lapins précéderait de beaucoup l'époque à laquelle l'air pourrait devenir dangereux à respirer.

Maintenant il sera facile de démontrer que cette entreprise peut se faire par tout le monde, par le petit propriétaire, même par la classe peu aisée, puisqu'on n'a pas une somme considérable à débourser tout d'un coup, attendu que les frais peuvent être faits par petites parties, et assurer un bénéfice au fur et à mesure que le nombre augmente.

Il suffira d'acheter une bête par semaine; au bout de six mois, les mâles pourront être vendus de suite, puisqu'ils ne servent à rien, vu qu'un seul suffit pour 10 femelles. De plus, le produit de la vente des mâles servira à se couvrir en partie des frais nécessités par la nourriture, par les cabanes, au fur et à mesure qu'on en établira.

D'ailleurs, tout est produit dans le lapin : son poil est employé dans la chapellerie, la bonneterie, la draperie; sa peau, garnie de son poil, est une bonne fourrure; elle est d'une défaite avantageuse, surtout l'hiver; elles se vendent 50 à 60 fr. le cent; l'été, elles ne valent environ que la moitié de ce prix à cause de la mue de l'animal. Aussi ceux qui se livrent en grand à ce genre de commerce ont-ils soin de ne faire tous leurs élèves que l'été, afin de pouvoir les vendre six à huit mois après, vers janvier. Dépouillée du poil, la peau donne une bonne colle; sa chair produit un bouillon excellent, une nourriture saine, que les habitants des campagnes pourraient facilement se procurer, tandis que la cherté de la viande des boucheries les réduit souvent à ne manger qu'un peu de viande de porc, et à vivre presque toujours de végétaux. Les habitants des villes ne pourraient-ils pas aussi se procurer cette ressource? Quoiqu'étant plus aisés que les campagnards, ils ne sont pas pour cela ennemis d'économie. Au lieu d'aller trois fois par semaine chez le boucher payer trois kilogrammes d'os pour un de viande, ils n'y iraient qu'une seule fois. Le fumier du lapin est excellent; il est surtout recherché par les jardiniers. De plus, un lapin de quatre mois ne coûte que deux mois et demi de nourriture, puisqu'il est allaité pendant cinq à six semaines. On peut déjà le manger ou le vendre vers l'âge de trois ou quatre mois; c'est alors qu'on retire, ou en argent, ou en aliments, la somme qu'on a été obligé de débourser. Cependant on y gagne en le gardant plus longtemps; car le lapin augmente en chair, en embonpoint, en peau et en poil, à mesure qu'il avance en âge.

L'éducation des lapins est donc une industrie lucrative et qui demande peu de frais pour commencer, surtout si l'éleveur sait proportionner le nombre des élèves à l'emplacement et aux ressources dont il peut disposer. Les habitants de la campagne, et surtout ceux des villes, peuvent se créer, à peu de frais et dans leur propre habitation, des ressources alimentaires et pécuniaires. Cependant cette branche d'industrie, à la portée de tout le monde, est exploitée par un petit nombre de personnes.

Les chemins de fer sont aujourd'hui d'une grande ressource pour le spéculateur; il n'a plus besoin, comme autrefois, de placer son établissement à la portée d'une grande ville. Il peut l'installer où bon lui semblera avec certitude de faire parvenir ses produits sur tels points de la République qu'il jugera convenable, et même à l'étranger, dans un bref délai.

L'auteur a répondu à toutes les objections; il va maintenant indiquer tout ce que doivent faire et celui qui veut n'élever qu'un petit nombre de lapins, et le spéculateur qui voudrait travailler en grand et s'en faire un moyen de fortune.

Supposons que l'on veuille commencer en petit : il suffira d'acheter cinq ou six fondateurs, c'est-à-dire cinq femelles et un mâle. On pourrait même n'acheter qu'un mâle et une femelle, et se procurer ensuite une femelle par semaine. Dans ce cas, il ne faudra qu'un petit emplacement; mais pour exploiter en grand, il sera nécessaire de construire un clapier ou garenne, avec les cases et tous les accessoires dont on trouvera la description dans les chapitres suivants.

Il me reste maintenant à faire observer au public que cette nouvelle édition n'est pas une réimpression pure et simple de la prmière ni de la seconde. De notables améliorations avaient déjà été introduites dans la seconde; ces améliorations étaient le résultat des nouvelles expériences que j'avais pu faire depuis la publication de la première. Je l'avais augmentée d'un chapitre concernant les travaux de culture à exécuter dans une petite ferme destinée à l'éducation des lapins. J'avais en outre donné plus de développement aux chapitres qui traitent de la nourriture des lapins, de leur coucher, du choix des femelles reproductrices, de l'accouplement, de la mise-bas, des soins à donner aux lapereaux, de leur sevrage, des précautions hygiéniques, etc. Ces chapitres contiennent ce qu'il y a de plus important à savoir pour l'éleveur qui est jaloux de voir prospérer ses lapins. C'est pour cette raison que je les avais traités avec tout le développement que comportait la matière. Il ne me restait rien à ajouter à ces détails. Je me suis seulement attaché à corriger les fautes nombreuses et importantes qui s'étaient glissées dans la seconde édition.

BIOGRAPHIE DU LAPIN.

Le lapin paraît originaire d'Espagne et des pays chauds; mais il est répandu dans toute l'Europe. Le changement de climat semble avoir eu une influence sensible sur sa constitution et ses caractères physiques; aussi le voyons-nous dans nos régions présenter le même développement de toutes les particularités qui le rendent remarquable. Il s'habitue très-bien à l'état de domesticité, et, à la longue, il prend des couleurs très-variées. Malgré sa ressemblance avec le lièvre, il est l'ennemi juré de cet animal. De petits lièvres et de petits lapins, mis ensemble dès leur bas âge, se livrent une guerre à mort dès qu'ils sont devenus grands. Si plusieurs lapins et plusieurs lièvres se rencontrent dans un champ, ils se battent jusqu'à ce qu'il y ait des victimes.

La lapine a, plus que le lièvre femelle, l'amour maternel; lorsqu'elle veut mettre bas ses petits, elle se fait un asile à part dans son terrier, et s'y enferme; là, elle se dépouille le ventre pour faire un lit commode et doux à ses enfants. Après les avoir nourris pendant un mois et demi environ, elle dégage son logement de la clôture qu'elle a construite et se rend avec sa famille au milieu des autres lapins habitants de ce terrier. Alors le père de cette nouvelle progéniture vient la reconnaître et la caresser. La mère se mêle à leurs embrassades, et semble recevoir des remercîments pour la peine qu'elle s'est donnée d'élever ses petits. Ce qui est plus rare chez la plupart des animaux, et remarquable chez ceux-ci, c'est l'autorité paternelle qui se fait sentir longtemps envers les enfants. D'un coup de patte, leur père les fait aller où il veut et faire ce qu'il veut. La paternité des lapins, dit Buffon, est très-respectée. J'en juge ainsi par la déférence qu'ont eue tous mes lapins pour leur premier père. La famille avait beau s'accroître, ceux qui devenaient pères à leur tour lui étaient subordonnés. S'il survenait une querelle entre eux, le grand-père accourait, et, dès qu'on l'apercevait, tout rentrait dans l'ordre. Une autre preuve de sa domination sur la famille, c'est que les ayant habitués à rentrer à un coup de sifflet, je voyais le grand-père se mettre à leur tête, et, quoiqu'il fût arrivé le premier, il les laissait tous défiler devant lui et ne rentrait que le dernier. Le lapin vit de huit à neuf ans; il se nourrit indistinctement de toutes sortes de plantes, racines, fruits, etc.; il est facile à nourrir, très-simple dans ses goûts.

On a judicieusement observé que les animaux les plus productifs sont les petits animaux les plus inoffensifs, et qui rendent à l'homme, sous le rapport alimentaire, les plus grands services. C'est principalement au lapin que s'applique cette observation, car il peut avoir cinq à six portées par an et même plus, et produire, chaque fois, de six à quatorze petits. Supposons que ce produit ait lieu sans interruption pendant quatre années, un mâle et une seule femelle avec leurs petits produiraient plus d'un million de lapins dans cet espace de temps. Les lapins s'étaient multipliés d'une manière si effrayante, si prodigieuse en Espagne, dont le climat, le sol et les plantes leur conviennent parfaitement, que les habitants de ce pays se virent forcés d'aller en Afrique chercher le furet pour détruire ces animaux qui causaient de si grands dégâts. Par suite de cette prodigieuse fécondité, on verrait ces animaux envahir bientôt un pays, s'ils n'étaient entourés d'ennemis qui leur font sans cesse la guerre, tels que les oiseaux de proie, les renards, les fouines, etc., et surtout l'homme, qui a tant de moyens de les détruire.

DES GARENNES.

Les garennes sont les habitations destinées aux lapins. On en distingue de trois sortes : garennes libres, garennes forcées et garennes domestiques ou clapiers.

GARENNES LIBRES.

Dans les pays cultivés, on ne peut établir de garennes libres, parce qu'elles sont trop nuisibles aux productions agricoles. Il faut choisir les montagnes sablonneuses et incultes ; les garennes y réussissent parfaitement, et les lapins s'y multiplient abondamment.

On cite plusieurs pays, entre autres l'Irlande et le Danemarck, où les dunes sont couvertes de lapins sauvages qui s'y sont naturalisés. L'exploitation se fait sur une grande échelle, et les propriétaires retirent un grand produit de la dépouille de ces animaux. Ce procédé n'est donc pas praticable partout.

GARENNES FORCÉES.

La garenne forcée est entourée de murs, de fossés qui ne permettent pas aux lapins de s'écarter de leur habitation. Les fondations des murs doivent être assez profondes pour empêcher les lapins de creuser et de passer sous la construction. Ces murs, hauts de 3 mètres, doivent être garnis, au-dessous du chaperon, d'une tablette saillante qui rompt le saut des renards.

La garenne doit être établie sur un coteau exposé au midi ou au levant, dans une terre légère mêlée d'argile et de sable. Il faut répandre dans la garenne toutes les plantes odoriférantes, telles que le serpolet, le thym, la lavande ; on doit y mettre des graminées, des racines, des plantes légumineuses, lorsque son étendue ne fournit pas une nourriture naturelle assez abondante. Les lapins ont besoin d'ombre ; il est donc nécessaire de planter des arbres verts, des taillis épais ; il faut en ajouter d'autres qui poussent avec rapidité, et dont la coupe puisse devenir une nourriture utile, que les lapins trouvent sur place. Choisissez de préférence tous les arbres fruitiers, ainsi que les ormes, les acacias, les genévriers, les chênes, etc.

De plus, dans l'intérieur des garennes, on doit former plusieurs champs semés en prairies artificielles, puis élever des meules de foin que les lapins consomment pendant la saison morte. Aux murs de clôture, on a soin d'adosser des hangars, afin que les lapins trouvent, pendant la saison pluvieuse, une nourriture sèche et abondante. Ces sortes de garennes demandent de grands frais, un vaste emplacement, et ne peuvent être établies que par de riches propriétaires.

GARENNES DOMESTIQUES OU CLAPIERS.

La meilleure exposition du clapier est le levant ou le midi. Il est nécessaire qu'il soit entouré de murs et couvert d'un toit qui le garantisse des injures de l'air et le mette à l'abri des renards, des fouines, des chats, et autres animaux nuisibles. Dans le cas où le clapier n'a pas de toit, couronnez-en le pourtour avec des ardoises saillantes à angles aigus et très-avancés en dehors. Il est utile que les murs environnants s'enfoncent dans leur fondation à une profondeur d'un mètre environ, que le clapier soit carrelé avec de larges tuiles et que toutes leurs jointures soient unies et recouvertes d'un mortier de ciment romain, afin d'éviter le suintement des urines en dessous du carrelement. Cet inconvénient est une des causes qui peuvent s'opposer le plus à la prospérité des lapins. La raison en est simple : la terre, sur laquelle reposent les tuiles, se pénètre de matières urineuses; une odeur infecte s'en exhale, et quels que soient les soins de propreté que vous observiez, c'est un foyer de maladie ou d'épidémie qui s'accroîtra de plus en plus, et qui conduira, tôt ou tard, votre établissement à sa perte. Le carrelage devra être à la profondeur des murs environnants, afin que les jeunes lapins ne puissent fouiller la terre, et soient arrêtés par cette barrière. Un clapier de 16 mètres de long peut être divisé en vingt parties qui forment autant de loges ou cabanes. Tout, au surplus, dépend de l'emplacement dont on peut disposer.

Voici la meilleure manière d'utiliser avec fruit toute la surface d'une grande salle. De quelque côté que se trouve la porte, tracez directement, et jusqu'au côte opposé, une avenue de 70 centimètres. La première rangée de cabanes sera adossée au mur. A 1 mètre 45 cent. de distance de cette rangée, vous tracerez des corridors parallèles d'un bout à l'autre de la salle; leur largeur sera de 70 centimètres, et ils seront écartés de 1 mètre 50 centimètres. Cet espace sera destiné à placer deux rangs de cabanes qui seront adossées l'une à l'autre, et qui présenteront les ouvertures des portes opposées et vis-à-vis devant le corridor particulier qui aura une entrée dans l'avenue du milieu. Continuez jusqu'au bout le tracé de vos corridors et de vos cabanes adossées en allant transversalement et en devant. J'ai dit que vous deviez tracer les corridors à 1 mètre 45 centimètres de distance des cabanes adossées au mur; en voici la raison : c'est pour que vous puissiez encore placer des cabanes entre chaque corridor parallèles en regard de celles adossées au mur, et en même temps vous ménagez une autre avenue pour visiter les cabanes adossées à ce mur. Vous aurez ainsi un plan divisé par des corridors parallèles écartés de 1 mètre 50 centimètres l'un de l'autre, avec avenue de chaque bout, et coupés au milieu par le corridor partant de la porte, allant d'un bout à l'autre, et croisant la direction des corridors particuliers. Faites en sorte que la porte et les fenêtres de cette salle ferment le plus hermétiquement possible; garnissez, en outre, les fenêtres, en dehors, d'un treillage de fer à mailles très-serrées; percez-les, autant que vous le pourrez, à l'aspect du levant ou du midi; ayez soin de les ouvrir de temps en temps pour laisser pénétrer le soleil et renouveler l'air de la salle.

DES CABANES.

Le clapier étant construit avec les dimensions et précautions que nous avons indiquées, il faut y placer les cabanes pour les mères. Ces cabanes doivent être élevées à 18 ou 20 centimètres de terre, et être construites en lattes serrées ou en planches fortes qui résistent à la dent des lapins. Il faut leur donner une grandeur d'environ 75 centimètres dans tous les sens, avec 1 mètre et demi de profondeur. Le premier fond doit être un châssis grillé ou fait en tasseaux équarris, assez espacés pour laisser passer les urines et les menues ordures. Au-dessous de ce premier fond, à environ 5 centimètres, établissez-en un second en planches, recouvert d'une feuille de zinc. Il faut lui ménager une douce inclinaison d'avant en arrière, pour faciliter l'écoulement de l'urine qui sera portée dans la gouttière, et de là se rendra dans un seau au moyen d'un tuyau communiquant avec le fond incliné de chaque cabane.

Ce fond doit être mobile, à glissoire, afin de pouvoir le nettoyer. Pour éviter toute infection, ayez soin de vider deux fois par jour le seau qui contient les eaux, car le lapin ne pue que par ses urines. (*Voir le modèle au commencement de la brochure.*)

La porte de chaque case sera un châssis grillé en fil de fer, attaché dans sa partie supérieure par deux charnières, et s'ouvrant de bas en haut comme les fenêtres à tabatière. On la tiendra fermée au moyen d'un crochet placé dans sa partie inférieure. Cette porte s'ouvrira facilement et donnera un libre passage à la litière qu'il faut renouveler de temps en temps. La porte pourrait être aussi à coulisse, comme dans les cages d'oiseaux, ou bien s'ouvrir sur le côté. Chacune de ces cases doit être garnie d'un petit râtelier placé sur l'un des côtés, pour empêcher les lapins de fouler et de perdre le fourrage, car le lapin ne veut plus de la nourriture sur laquelle il a piétiné. Il faut également la munir d'une auge à la partie intérieure, afin d'y placer le son et la graine qu'on doit donner particulièrement aux mères nourrices.

Nous avons dit qu'un clapier de 16 mètres de long peut contenir environ 20 cases. Ce nombre peut être augmenté, si on en met plusieurs rangs les uns au-dessus des autres, mais toujours en proportion avec l'emplacement et l'exposition, afin d'éviter le trop grand froid et la grande chaleur.

Il en est d'autres qui n'établissent qu'un seul fond, soit en plâtre, soit en carrelage ou en planches. Ils lui donnent l'inclinaison voulue, établissant dans la partie postérieure une petite rigole qu'ils recouvrent d'un grillage. Ils perçent alors la rigole de petits trous qui laissent échapper l'urine. Quand ils mettent plusieurs rangs de cabanes les uns au-dessus des autres, ils ont soin alors d'éloigner les cabanes inférieures toujours davantage du mur de clôture, afin que les animaux ne soient pas incommodés par l'urine qui découle des cabanes supérieures.

Outre les cabanes destinées aux femelles, on doit en construire pour les mâles et leur donner un peu plus de dimension qu'aux cabanes des mères. On leur conduit les femelles quand on veut les faire couvrir. Il ne faut pas laisser les mâles avec les femelles, car ils les gêneraient dans l'allaitement et l'éducation de leurs petits.

Le renouvellement de l'air est de première nécessité. On doit conserver dans la garenne un courant d'air continu, en y établissant des croisées grillées. Les cabanes resserrées et trop étroites, très-froides et humides, peu aérées, malpropres et exhalant des miasmes fétides (ce qui arrivera infailliblement si elles ne sont pas nettoyées souvent), pourront procurer à nos lapins toutes les maladies imaginables, l'abattement, les ophtalmies, le dégoût, la diarrhée, les hydropisies et la consomption.

Toutes les fois qu'on a des lapins malades, et que la maladie provient de la malpropreté du logement, il faut s'empresser de nettoyer les cabanes, leur donner un grand air et les désinfecter avec le chlorure de chaux. Les lapins sont doués d'une constitution robuste et peu maladive; mais soyez persuadé que toutes les fois qu'ils sont affectés, ils le sont gravement.

DIVERSES ESPÈCES DE LAPINS.

On connaît diverses sortes de lapins : le lapin sauvage, le lapin clapier ou domestique, le lapin gris ordinaire, le lapin angora, le lapin riche ou argenté, etc. Le lapin sauvage est toujours plus petit que le lapin clapier. Les lapins clapiers ou domestiques varient, pour les couleurs, comme tous les autres animaux domestiques : le blanc, le noir et le gris sont cependant les seuls qui entrent ici dans le jeu de la nature. Les lapins noirs sont les plus rares, mais il y en a beaucoup de tout blancs, beaucoup de tout gris et beaucoup de mêlés; tous les lapins sauvages sont gris, et parmi les lapins domestiques, c'est encore la couleur dominante, car dans toutes les portées il se trouve toujours des lapins gris, et même en plus grand nombre; quoique le père et la mère soient tous deux blancs ou tous deux noirs, ou l'un noir et l'autre blanc, il est rare qu'ils en fassent plus de deux qui leur ressemblent, au lieu que les lapins gris, quoique domestiques, ne produisent d'ordinaire que des lapins de cette même couleur, et que ce n'est que très-rarement, et comme par hasard, qu'ils en produisent de blancs, de noirs et de mêlés. Le lapin riche ou argenté apparaît plus développé dans ses formes que les précédents : cette race est la meilleure; son poil est plus fin, plus soyeux, plus long que celui du lapin gris ordinaire; sa couleur est en partie d'un gris argenté et en partie de couleur d'ardoise. Dans plusieurs parties du nord, sa peau sert de fourrure; elle vaut le double des peaux de lapins communs.

Le lapin angora est aussi très-commun. On le distingue facilement de tous les autres par son poil plus long, légèrement frisé et ondoyant. On emploie son poil dans la bonneterie, la ganterie, etc. Pour se procurer son poil, on le peigne souvent, ou on l'arrache presque entièrement deux ou trois fois pendant l'été, particulièrement le long du dos, du cou, des côtés et des cuisses. Cependant il faut se garder d'enlever aux mères celui du ventre, parce qu'elles s'en servent pour faire leurs nids; de plus il est fort grossier.

Dans les garennes domestiques, la durée de la vie des lapins est de 6 à 8 ans. C'est vers l'âge de 5 à 6 ans que les mâles perdent une partie de leur vigueur. Alors ils peuvent être engraissés.

MOYEN DE DISTINGUER UNE LAPINE JEUNE D'UNE VIEILLE.

On voudrait sans doute savoir à quels signes on reconnaît l'âge des lapins; mais il n'y a pas de règle à établir là-dessus. Malgré toutes mes observations, je n'ai pu que distinguer une lapine jeune d'une vieille, et encore les données fournies par ces signes ne peuvent pas être considérées comme extrêmement précises; mais s'ils ne sont pas les plus sûrs, ils sont les moins équivoques de tous ceux qui peuvent indiquer l'âge plus ou moins avancé d'une lapine; voici ces signes : la grosseur de l'entière ossification des extrémités osseuses destinées à former les articulations, le développement plus considérable du ventre, et, enfin, la longueur et la grosseur des ongles.

NOURRITURE DES LAPINS.

Il est bien entendu qu'on doit faire un choix et savoir employer, d'après les localités, les substances les moins chères et les plus faciles à se procurer, car, malgré que la nourriture des lapins se réduise, étant bien administrée, à très-peu de chose, on fera toujours bien de procéder ainsi quand il s'agira de ces établissements basés sur une grande échelle, et quand on voudra en retirer un gain considérable et des produits assurés. Les ressources sont immenses à la campagne. On peut profiter, au commencement de l'année, des herbes parasites et des sarclages des champs. Toutes ces plantes sont excellentes pour la nourriture des lapins; on peut se les procurer avec la plus grande facilité; elles n'exigent guère que les soins de transport. Ces plantes sont très-peu usitées dans l'agriculture; elles servent presque toujours à combler les fossés.

En été, on a des herbes dans les fossés, dans les vignes, dans les bois; on a en plus les tiges de pommes de terre que l'on peut couper sans nuire à leur accroissement, et tout ce qui est inutile dans le jardinage. On a aussi les feuilles de navets, de choux, de laitue, de carottes, d'artichauts, etc., etc.

En automne, les tiges de blé d'Espagne, les fruits gâtés tombant des arbres, les glands de chêne, les feuilles des allées des bois et des vignes; toutes ces provisions peuvent être exploitées en grand et à très-peu de frais.

Il est urgent, pour la prospérité des lapins, de régler leur nourriture; il faut la leur distribuer soir et matin, ou bien en trois fois par jour. Le moyen de les empêcher de perdre la nourriture, c'est de la laisser une heure seulement à leur disposition; on est sûr qu'ils mangeront toujours avec goût. Si elle est verte on doit l'essuyer, car l'herbe mouillée, ou trempée seulement de rosée, leur est funeste. Le meilleur moyen d'éviter cet inconvénient est de la cueillir la veille du jour où l'on doit la leur distribuer. Il ne faut pas non plus qu'elle soit cueillie depuis plusieurs jours, parce qu'elle se trouverait en fermentation et causerait un préjudice notable aux animaux. Pendant l'été, la nourriture habituelle se compose d'herbes vertes, telles que feuilles et racines de carottes, plantes légumineuses, chicorée sauvage, persil, pimprenelle, panais, feuilles et branches d'arbres de toute espèce, paille des bois, genêt vert épineux. Pour l'hiver, il faut réserver les regains, luzerne, trefle, turneps, fourrage du blé de Turquie, betteraves champêtres, fenouil, marjolaine, laiteron, trainasse, sainfoin, pommes de terre. Habituez les lapins principalement à la pomme de terre, attendu qu'il en existe en tout temps. Réservez le son pour les nourrices et les élèves de deux à quatre mois. L'avoine et les graines de toute espèce doivent faire partie de la nourriture des lapins, qui en mangent avec plaisir ; cette nourriture est surtout utile aux mères lorsqu'elles allaitent leurs petits. L'usage du sel leur est aussi avantageux et leur donne de l'appétit. Le millet engraisse prodigieusement les petits lapins. En général, il est utile de varier la nourriture. Lorsqu'on donne du son seul, il doit être sec, c'est-à-dire dépouillé le plus qu'il est possible de farine; mais si on le leur donne avec des graines, il faut qu'il soit gras et farineux. Il est inutile de dire qu'il faut éviter de leur donner aucunes plantes qui soient regardées comme des poisons, telles que la *ciguë*, l'*aconit*, la *datura stramonium ;* les plantes de la famille des *euphorbiacées*, la *tithymale*, etc. L'eau leur est extrêmement nusible, parce qu'ils ne savent pas en être sobres. Ne leur en donnez jamais quand ils sont nourris d'herbes fraîches, et très-peu quand ils sont au sec. Les fourrages doivent être toujours extrêmement propres si on veut les voir manger par les lapins, parce que, dans le cas contraire, ils les foulent aux pieds et ne les mangent pas.

Toutes les fois qu'on aura fait une provision de fourrage, on devra le laver pour le nettoyer de la terre qu'il pourrait contenir, éviter sa fermentation et en faire sécher ce que l'on jugera convenable pour le conserver comme provision d'hiver.

LEUR COUCHER.

Le mauvais état de la litière occasionne la plupart des maladies qui attaquent les lapins. La paille qu'on leur donne à cet effet doit être sèche et renouvelée souvent. On emploie la paille de blé rompue, la fougère, la mousse, le foin avarié; il faut avoir soin de la retourner au bout de quatre jours et de la renouveler tous les huit jours, afin que l'urine ne les salisse pas, car l'urine qui coule sur le manger devient un poison. Quant aux nourrices, on ne doit les changer de paille que lorsque leur portée voit clair, car on serait obligé d'enlever le poil dont la mère garnit son lit, et par là on exposerait les élèves à une température froide qui leur deviendrait nuisible.

CHOIX DES FEMELLES REPRODUCTRICES.

Choisissez, pour la reproduction, les femelles les plus fortes et celles dont le poil est gris, et qui portent les caractères suivants : Mamelles apparentes dans l'état normal, saillantes et gonflées de lait si le terme de la grossesse est avancée, ou si elle a déjà des petits. La tête, vu la largeur et le développement de l'occiput et la longueur du museau, doit former une espèce de coin, les oreilles doivent être larges et longues, la poitrine étendue, les jambes fortes et écartées. Toute lapine qui ne donne pas, terme moyen, huit lapereaux chaque mise-bas, n'est pas de bonne nature; il faut la remplacer. Je viens de dire : n'est pas de bonne nature pour la reproduction, car tout le monde sait que, malgré la jeunesse et un bon tempérament, tous les sujets ne sont pas également propres à la génération.

Les meilleurs mâles doivent être âgés d'un à cinq ans; les femelles de huit mois à quatre ans. Voyez si elles n'ont point la bouteille, qu'on appelle gros ventre, et si leurs crottes sont bien dures : c'est un signe certain de bonne santé.

DE L'ACCOUPLEMENT.

Si vous voulez avoir de beaux produits et en retirer

un bénéfice satisfaisant, ne faites couvrir vos lapines qu'à l'âge de six mois; elles ne peuvent devenir mères sans inconvénient avant cet âge, autrement elles ne donneraient que de faibles produits, car il est nécessaire qu'elles aient acquis toutes leurs forces et que leur constitution soit entièrement développée. Dans le cas où vous les feriez couvrir avant l'âge de six mois, elles porteraient rarement leur gestation à terme, ou, si cela arrivait, leurs petits naîtraient faibles et très-peu formés. Il ne pouvait en être autrement. La nature, malgré tous ses efforts, ne pourrait pas suffire au développement de la mère et à la nutrition des lapereaux, et cela ne pourrait être qu'au détriment de tous les deux, ou assurément de l'un ou de l'autre. Les petits ne trouveraient pas un lait assez abondant; leur constitution se conserverait rachitique et débile, et ils périraient infailliblement avant d'arriver au terme où on peut les utiliser. La mère serait maigre et harassée, et vous ne pourriez plus, malgré tous vos soins, la remettre en état. Il convient de préférer celles qui sont nées vers le mois de mars; elles sont disposées à prendre le mâle vers le commencement de novembre, et l'on peut alors vendre leur première portée dans le courant de l'hiver. La femelle porte trente ou trente-un jours, et elle donne depuis deux ou trois, jusqu'à huit, dix et même quatorze petits. Mais il vaut mieux qu'elle n'en donne que huit ou neuf, car les lapereaux sont plus forts et mieux nourris. On enlève souvent l'excédant de ce nombre, surtout quand les mères sont faibles. Les femelles produisent pendant cinq ans; après ce temps, il faut les engraisser pour les vendre.

On peut évaluer avec certitude le nombre de portées à six par an. Quinze jours après que la femelle a mis bas, on doit la remettre au mâle et l'y laisser passer une nuit. On pourrait l'y remettre cinq ou six jours après; elle est presque toujours en chaleur, ou du moins en état de le recevoir; mais elle a besoin d'une quinzaine de jours de repos pour sa santé. Quand le mâle n'a pas plus de cinq à six ans, et la femelle quatre à cinq, il est rare que la lapine ne soit pas remplie. Mais si ce cas se présentait, procurez-lui une alimentation réglée et la plus nutritive possible, la chaleur, le repos, et vous verrez, dans quelques jours, la lapine dans un état plus avantageux et normal pour sa fécondation. On la remet à ses petits le matin, et elle peut, sans inconvénient, continuer à les nourrir encore une huitaine de jours.

Les mâles seront dans la proportion d'un pour chaque dizaine de femelles. Celles-ci ne doivent jamais être remises au mâle que le soir. Lorsqu'elles en sortent le matin, elles mangent, dorment et ne maltraitent pas leurs petits, tandis que si on les leur rend la première nuit qui suit l'accouplement, elles peuvent bien les tuer. Tous les sujets destinés à la reproduction seront logés à part; chaque lapin et chaque lapine aura sa loge séparée. Cette mesure est nécessaire pour que la lapine ne soit pas obsédée par le mâle qui, étant d'un tempérament chaud et très-ardent, s'épuiserait lui-même par des luttes inutiles, tout en provoquant l'avortement de la femelle si elle est pleine. Quand les femelles sont continuellement tourmentées par le mâle, elles font d'abord opposition, mais ne pouvant fuir, elles cèdent enfin. De là les superfétations que l'on voudrait éviter, parce qu'elles ne mènent à rien de positif, tandis qu'elles peuvent être souvent nuisibles.

Si les lapines viennent à mettre bas dans une loge commune, les petits sont rarement épargnés par les mâles. Ceux-ci les tuent assez souvent, afin de pouvoir mieux jouir des mères. Dans la cohabitation de plusieurs lapines seulement, il en résulte des accidents aussi funestes. Quand l'une d'elles met bas et qu'elle vient à quitter un instant ses petits pour prendre son repas, toutes accourent à l'instant autour du nid par esprit de curiosité, s'approchent des petits pour les regarder, et le plus souvent finissent par leur mettre la patte dessus. Dans le même moment la mère arrive pour chasser les autres lapines; elles se battent entre elles, et souvent il y a des petits étouffés ou tout au moins estropiés. Les lapines pleines qui se trouvent dans ces sortes de combats avortent le plus souvent par suite des accès de colère que leur a causés une telle agitation.

L'inconvénient que je viens de signaler n'est pas aussi indispensable pour les mâles; mais cependant si on les loge à part, ils ne prospéreront que mieux, n'ayant aucune contrariété. Il y a une autre considération, pour laquelle je les loge séparément, que voici: s'ils sont en grand nombre, il m'est impossible de les reconnaître quand je dois les donner à la femelle, et les erreurs que je pourrais faire sur ce sujet pourraient entraîner le dépérissement et l'épuisement de certains lapins.

Il arrive quelquefois que la mère fait périr ses jeunes lapereaux. Pour la corriger de ce défaut, il faut lui donner abondamment la nourriture qui lui est agréable, la déranger le moins possible.

DE LA MISE-BAS.

C'est le trentième ou trente et unième jour après que la lapine a été mise au mâle qu'elle met bas. Quand vous verrez que le moment approche, jetez dans sa cabane une poignée de regain ou de foin ordinaire; elle s'en emparera avec avidité pour former son nid, dès qu'il lui sera présenté. Elle l'aura déjà commencé avec des substances qu'elle aura apportées; elle y charriera de l'herbe, des chiffons, des étoupes, et tout ce qu'elle trouve; enfin, elle se dépouille d'une partie de son poil qu'elle arrache de dessous le ventre, et qu'elle arrange dans son nid de manière à y former une couche molle où elle déposera les petits. La femelle qui a mis bas doit recevoir des soins tout spéciaux, car en manquant un jour de la soigner, l'inquiétude et la privation peuvent diminuer son lait et affaiblir ses forces, et la mort de plusieurs lapereaux s'ensuivra. Il est très-urgent, au moment de la mise-bas, de remarquer dans quel état se trouve la lapine, pour savoir le nombre de petits que l'on doit lui laisser.

Il arrive souvent que si la mère est maigre et épuisée au moment où elle met bas, voyant qu'elle ne peut pas les nourrir, elle en tue un plus ou moins grand nombre, calculant à ses forces ceux qu'elle peut nourrir et qu'elle laisse vivre. Pendant le temps qu'elle aura des petits à allaiter, donnez-lui une nourriture plus substantielle; offrez-lui un peu d'avoine ; elle ne s'en trouvera que mieux.

SOINS A DONNER AUX LAPEREAUX.

Remarquez avec soin les époques auxquelles les mères ont été mises aux mâles (vous savez qu'elles portent de trente à trente et un jours). Quand il sera temps, nettoyez les cabanes, enlevez à propos la première portée, qui pourrait détourner les mères lorsqu'elles voudraient mettre bas la seconde. Lorsque la lapine aura mis bas, prenez garde qu'elle ne mange des herbes mouillées. Pendant la huitaine, prodiguez le son en le mêlant avec un peu de sel. Examinez avec soin, dès les premiers jours de la naissance des lapereaux, si la mère ne les a pas déposés dans l'humidité; dans ce cas, prenez la précaution de les enlever et de les déposer dans l'endroit le plus sec de la case, car l'humidité les ferait périr. Ne touchez pas aux petits, à moins qu'il n'y en ait d'étouffés ou de déposés dans l'humidité. Quand vous vous apercevrez qu'une mère étouffe ses petits ou les mange, ayez soin de remarquer la cabane ; car, si à la seconde portée le même inconvénient se renouvelle, il faut engraisser la femelle et la vendre.

SEVRAGE DES LAPEREAUX.

Au cinquième jour, le lapereau a les yeux ouverts; au sixième jour, on voit les plus éveillés et les plus forts commencer à sortir de leur nid; à un mois, ils commencent à manger seuls, et leur mère partage avec eux sa nourriture; à six semaines, ils n'ont rigoureusement plus besoin de leur mère, et on peut les sevrer. Ce temps est toujours suffisant pour leur éducation première; si on les laissait plus longtemps, on s'exposerait trop à épuiser la mère, ce que l'on doit éviter avec soin. A cette époque, voici ce qui se pratique : les uns les font entrer dans une grande cabane qui sert de premier commun, les tiennent chaudement, les surveillent, les tiennent proprement, leur donnent à manger plusieurs fois dans la journée. Ils ont soin de retirer chaque fois les vivres sur lesquels ils ont piétiné, et de cette manière il n'en meurt jamais aucun. A deux mois et demi, ils les logent avec ceux qui sont destinés à la table. Dans ce cas, ils ont la précaution de châtrer les mâles avant de les y laisser en liberté. D'autres mettent ensemble les élèves de mois en mois, c'est-à-dire qu'ils font six cabanes, en ayant soin surtout de séparer les mâles des femelles à partir du troisième mois. Du cinquième au sixième mois, ils vendent les élèves, et choisissent pour le travail les femelles les plus fortes.

J'ai essayé de ces deux systèmes, mais je suis encore à savoir celui auquel on doit donner la préférence. Je laisse donc l'éleveur libre d'opter pour celui qui lui paraîtra le plus commode, attendu que le résultat sera le même, si j'en juge d'après mes expériences.

DE LA CASTRATION.

La castration dispose les lapins à grossir considérablement et donne plus de prix à leur peau. Du reste, l'opération pour la castration des lapins est fort simple; voici comment elle se pratique : Vous saisissez, avec le pouce et les deux premiers doigts de la main gauche, l'un des testicules que le lapin cherche toujours à rentrer intérieurement; lorsque vous êtes parvenu à le saisir, vous pratiquez dans la peau une ouverture longitudinale au moyen d'un instrument tranchant. Après avoir fait sortir le corps ovale que vous avez saisi, vous l'enlevez, et le jetez; vous agissez de même sur l'autre testicule. L'opération terminée, vous frottez la partie avec un peu de saindoux, ou bien vous pouvez faire une ligature avec une aiguillée de fil. Il en est d'autres qui laissent agir la nature, qui guérit toujours cette plaie. Si l'opération a été faite avec adresse, la plaie se cicatrise promptement. La chair des lapins châtrés est tendre et délicate. Ils deviennent, quand on leur a fait cette opération, aussi gros que les lièvres. Les saisons les plus favorables pour la castration sont celles pendant lesquelles la température est douce et moins sujette à de brusques variations. Le printemps est de toutes les époques de l'année celle qu'on doit préférer. Le lapereau qui doit subir la castration ne doit pas être âgé de plus de trois ans, et ne doit pas avoir mangé depuis six heures, afin que les intestins ne soient pas bourrés de nourriture au moment de l'opération.

MALADIES DES LAPINS. — REMÈDES.

Nous avons dit qu'il faut éviter de donner aux lapins de l'herbe verte sans être essuyée, car sans cette précaution ils deviendront malades, ils dépériront à vue d'œil, il en mourra un grand nombre; ils auront la diarrhée à laquelle se joindra une hydropisie consécutive, et enfin la mort. Il faut également se garder de prodiguer de l'herbe trop succulente, car un grand nombre meurtégalementd'indigestionou dediarrhée. Des fourrages toujours verts produiront des résultats analogues à celui des herbes mouillées et trop succulentes, les causes agissant de la même manière. Dans ce cas, il faut remplacer la nourriture humide par l'herbe sèche et variée, son, croûtes de pain, orge et pain grillé, grains de genièvre, doses faibles, restreintes et données à plusieurs reprises dans la journée, et une diète modérée. Il y a également trois maladies dangereuses qui attaquent les lapins : la bouteille ou gros-ventre, l'étisie et le mal d'yeux, ou ophtalmie.

Bouteille, ou gros-ventre. — Cette maladie est occasionnée par un amas d'eau assez considérable qui séjourne dans la vessie du lapin et le fait périr. On appelle communément cette maladie, dase, bouteille, gros-ventre. — *Remèdes* : Mettez les lapins qui en sont atteints à une nourriture sèche, donnez-leur de l'orge grillée, du regain, des plantes aromatiques, telles que le serpolet, la sauge, le thym, etc., et bientôt vous verrez disparaître cette enflure.

Etisie. — Cette maladie rend les lapins d'une maigreur extrême ; bientôt ils se couvrent d'une gale contagieuse dont il est très-difficile de les guérir. C'est dans leur jeunesse qu'ils sont sujets à cette maladie, qui les attriste, leur ôte l'appétit, arrête leur croissance, et les fait mourir dans de fortes convulsions. Comme cette maladie est contagieuse et peut gagner tout le clapier, il faut séparer les malades de ceux qui se portent bien, ou, ce qui est le plus prudent, faire périr les animaux qui en sont attaqués. Il vaut mieux sacrifier quelques sujets que de voir le clapier tout entier exposé à périr. En général, on attribue cette maladie à l'humidité, au manque de soins et de propreté. Dans ce cas, le remède est facile à appliquer : aérer, nettoyer les cabanes, changer la disposition du clapier qui serait trop humide, et peu de temps après toute maladie aura cessé.

Ophtalmie, ou mal d'yeux. — C'est vers la fin de leur allaitement que les petits sont sujets à une maladie d'yeux qui les fait périr en peu de temps. On attribue cette maladie à la malpropreté, aux exhalaisons putrides qui proviennent d'une cabane mal soignée. Le meilleur moyen pour arrêter les progrès de cette maladie, c'est de purifier la cabane atteinte et de transporter les malades dans des cabanes propres, garnies de paille fraîches.

On voit donc que les maladies sont engendrées par l'humidité, la malpropreté, la nourriture fraîche cueillie, et que le meilleur moyen de les prévenir consiste dans les soins hygiéniques que l'on donne aux élèves : une loge aérée, saine et une litière fraîche, peuvent prévenir la maladie et parfois la guérir.

PRÉCAUTIONS HYGIÉNIQUES.

Nettoyez tous les jours les loges des lapins; servez-vous pour cette opération, quand le besoin l'exigera, de l'éponge, du balai et du raclet; vous éviterez de chagriner les mères pendant le nettoyage qui est l'affaire d'une minute pour chaque cabane.

Retournez la litière au bout de quatre jours, et renouvelez-la tous les huit jours. Faites une litière aux petits ; elle est inutile dans la loge des mères. Observez dans le clapier le même soin de propreté que j'ai recommandé ci-dessus pour les loges.

Mettez dans un local propre, chaud et aéré, que vous aurez réservé pour cela, les lapins qui auront besoin de soins particuliers. Administrez-leur dans des plats ou des baquets de terre longs et très-étroits, des vivres menus. (Ces baquets doivent être très-étroits pour que les lapereaux ne puissent entrer dedans.)

Placez-les dans différents endroits du logement et à une certaine distance les uns des autres.

Suspendez en l'air, au moyen d'une corde fixée au plafond de l'habitation, un vase plein de chlorure de chaux. Vous parviendrez ainsi à neutraliser les miasmes putrides et les odeurs infectes répandues dans le logement et les cabanes.

Donnez à manger plusieurs fois dans la journée à heure fixe et en petite quantité à vos lapins, si vous voulez éviter les indigestions, exciter leur appétit, conserver leur santé et accroître leur développement.

Si vous venez à vous apercevoir qu'une odeur un peu forte vient à se développer, c'est signe que les soins de propreté n'ont pas été rigoureusement observés. Pour y remédier, agitez un peu le chlorure de chaux et jetez-y quelques cuillerées de vinaigre, ce qui favorisera le dégagement des gaz septiques que le logement pourrait contenir.

Ouvrez les fenêtres un peu chaque jour, plus longtemps les jours chauds que les jours froids. Abstenez-vous de cette règle les jours très-froids et très-humides.

TRAVAUX DE CULTURE D'UNE PETITE FERME DESTINÉE A L'ÉDUCATION DES LAPINS.

Le spéculateur qui voudra se livrer avec fruit à l'éducation des lapins affermera une campagne d'une étendue proportionnée au nombre de lapins qu'il veut élever.

Le terrain de cette campagne doit être de première qualité pour que les résultats soient satisfaisants, et préférez toujours, pour cette spéculation, à un terrain d'une très-grande étendue et d'une qualité médiocre, un terrain circonscrit, mais de première nature. Deux hectares sont suffisants, pourvu qu'ils soient dirigés de la manière que je vais l'indiquer, pour l'entretien de deux cents lapins et de leurs petits; l'habitation doit être vaste; elle n'a pas besoin d'être d'un grand prix. Un bâtiment délabrée remplira le même but qu'un beau palais. Plus il sera grand intérieurement, plus on aura de facilité de les loger commodément.

La culture de cette petite ferme doit être dirigée de manière à lui faire rapporter la plus grande récolte possible d'une nourriture propre à l'éducation des lapins : la pomme de terre, la vesce surtout, puis la solanée nutritive et vulgaire, sont surtout dans ce cas. Voici maintenant comment la culture doit être dirigée pour retirer des terres le plus grand revenu possible :

Après les avoir travaillées et fumées, semez, au commencement de décembre, des vesces de l'espèce grise ou noire, fauchez-les au mois de mai; il est temps de les couper, car elles sont déjà belles. Les graines et les siliques commencent à se développer. Faites-les sécher et enfermer-les. A cette époque de leur développement, elles sont une nourriture excellente pour les lapins; ils les mangent avec une grande avidité et augmentent la sécrétion du lait des mères, ce qui est d'un grand point pour l'allaitement des lapereaux. Aussitôt les vesces récoltées, semez, sur la même pièce de terre, des haricots et des pommes de terre qui accroîtront le revenu et ne nuiront en rien à la prospérité des solanées, et on peut être assuré d'avance, ce qui est très-avantageux, que si les haricots sont bien soignés, ils prospéreront d'une manière étonnante. Arrivé au mois de septembre, fauchez haricots et pommes de terre tout ensemble. Récoltez les haricots et réservez les tiges communes pour les lapins qui les mangeront parfaitement bien. Le mois de novembre arrivé, travaillez la terre immédiatement. Après avoir recueilli les pommes de terre, couvrez-la de fumier de lapins. Si vous voulez, vous pouvez aussi alterner la vesce et le turnep, qui offre aussi pour les lapins une nourriture excellente dans toutes ses parties.

Je recommande spécialement la culture des vesces pour la nourriture des lapins, parce que le revenu en est considérable et qu'elles donnent une grande quantité de fourrage.

Les pommes de terre doivent aussi occuper le premier rang dans la culture de la petite ferme. Je ne saurais trop en faire l'éloge. Ses tiges servent de soutien aux haricots, qui donnent encore un joli revenu. Ses feuilles sont mangées avidement par les lapins, et, quand elles sont bien soignées, les bénéfices qu'elles donnent sont immenses.

Il ne faut pas s'imaginer que la terre, parce qu'elle sera continuellement couverte de récolte, sera bientôt épuisée, devant fournir une si nombreuse végétation. On entend par terre épuisée une terre qui a été négligée et qui se trouve réduite, par défaut de soins, à une terre médiocre. Si vous avez de bons principes d'agriculture, vous n'aurez jamais de terre épuisée. Renouvelez sans cesse l'humus fécondant par de bons engrais, et travaillez-la en outre avec soin et suivant l'art, et vous verrez qu'elle ne cessera jamais de bien produire.

MANIÈRE DE TUER LES LAPINS.

La manière la plus ordinaire de tuer les lapins de garenne est vicieuse. On leur donne un coup derrière les oreilles ou la nuque, avec la main ou un bâton; mais la chair se trouve meurtrie, et le sang se fixe en abondance dans le cou. Il vaudrait mieux les saigner et les suspendre par les pattes de derrière : alors le sang s'écoulerait et la chair serait nette; mais la peau serait endommagée par l'ouverture de la saignée, et cette manière est également vicieuse. En Angleterre, on les saigne près des joues; en France, voici le moyen usité : On saisit le lapin, d'une main, par les pattes de derrière; de l'autre, par le cou; on allonge la moelle épinière, il se fait une luxation dans les vertèbres, et la mort s'ensuit immédiatement.

APPRÊT POUR DONNER UN PARFUM AGRÉABLE AUX LAPINS DE CLAPIER.

La chair des lapins sauvages est plus succulente et plus ferme que celle des lapins de clapier ; mais quand on veut nourrir des lapins pour son agrément et sa satisfaction, et que l'on tient moins à une économie minutieuse qu'à avoir des sujets parfumés et délicats et d'un goût supérieur, on fait disparaître presque entièrement ces différences par la nourriture choisie et les préparations que l'on fait subir à ces animaux après leur mort. Cette nourriture choisie consiste en avoine, orge, son, bonne graine, légumes, foin fin et serpolet dans la saison. Quelque temps avant de prendre les lapins domestiques, on leur fait manger du thym, du serpolet et autres plantes aromatiques ; leur chair acquiert un fumet très-agréable. En hiver, quand les campagnes sont sèches et la végétation éteinte, on remplacera avantageusement les plantes aromatiques par les baies de genièvre, substance précieuse dont cet animal est très-friand et qui est très-propre à communiquer à sa chair un goût recherché. Quand on aura des fourrages verts, on pourra leur en donner de temps en temps quelque peu, et on choisira de préférence les plus agréables au goût. Le sainfoin, la luzerne, les tiges tendres du blé d'Espagne, etc., rempliront parfaitement bien ce but. Quand on a tué et vidé les lapins, l'on frotte l'intérieur du ventre et les cuisses avec des feuilles de bois de Sainte-Lucie ou d'autres plantes aromatiques réduites en poudre ; de cette manière, on donne aux lapins domestiques une saveur qui approche de celle des lapins sauvages.

Mais celui qui aspire à quelque chose de plus positif qu'à élever des lapins d'un goût parfumé, qui cherche à avoir de beaux sujets peu coûteux, et en nombre surtout, ne doit s'occuper uniquement que de la manière dont il doit s'y prendre pour faire venir économiquement des lapins beaux et nombreux. L'extérieur ne dit rien au marché du fumet recherché par l'amateur, tandis que la grosseur et la quantité sont toujours d'un grand poids pour celui qui veut de l'argent.

Je dois faire observer que les plantes aromatiques ne doivent être données aux lapins domestiques que quelque temps avant de les tuer ou de les vendre, parce que, toujours nourris de ces plantes stimulantes, ils deviendront bien moins beaux sous l'influence de cette alimentation excitante qui brûle leurs entrailles à l'instar des alcooliques ingérés dans l'homme, qu'aux lapins auxquels on distribue des substances simples, peu aromatiques, et réglées suivant leur qualité plus ou moins nutritive. Les premiers seront moissonnés par les maladies graves et épidémiques, les irritations intérieures et les fièvres de consomption, tandis que les autres deviendront forts et robustes, et seront peu sujets aux infirmités.

On compare souvent le lapin domestique au lapin sauvage. On croit à tort que ce dernier, qui a mille plats à choisir dans la nature, n'en abuse jamais, qu'il est toujours sobre et qu'il n'est jamais sujet à aucune maladie. Ceux qui ont avancé ce dernier point n'ont sans doute pas vu comme moi des lapins étendus morts d'une indigestion de trèfle, le ventre gros et ballonnés. Voilà l'effet que produit le trèfle sur tous les animaux quand ils en mangent en trop grande quantité.

VENTE DES PEAUX DE LAPINS.

C'est en hiver surtout que l'on peut se défaire avantageusement et facilement des peaux de lapin; pendant l'été, on n'en tire qu'environ la moitié du prix, parce que l'animal mue dans cette saison. Pour en tirer le parti le plus avantageux possible, ceux qui se livrent en grand à ce genre de commerce ont soin de faire tous leurs élèves dans la saison d'été, afin de pouvoir les vendre en hiver. Les poils de lapin trouvent une grande consommation dans la fabrication des chapeaux; la peau garnie de son poil donne une fourrure très-chaude. On fabrique, avec le poil du lapin angora, des gants, des châles et autres tissus.

FUMIER DE LAPIN.

Le fumier de lapin, chaud et abondant, convient aux terres froides, blanches et argileuses. Les jardiniers l'achètent fort cher, et le considèrent comme égal à la colombine en force et en durée.

LOIS RELATIVES AUX LAPINS.

Le lapin cause beaucoup de dégâts dans les lieux où on le laisse multiplier. Il mange les récoltes de toute espèce, et fait autant de mal par ses allées et venues qu'avec sa dent.

Les lapins de garenne sont des immeubles, ainsi que les pigeons de colombier, les ruches à miel et les poissons des étangs, quand ils ont été placés par le propriétaire pour le service et l'exploitation du fonds. (Art. 524 de Code civil.)

Les propriétaires des garennes ou des forêts où il existe beaucoup de lapins, sont responsables des dommages causés par les lapins sur le fonds voisin, s'ils ne justifient pas qu'ils ont cherché à détruire ces animaux, ou permis aux propriétaires voisins de les détruire eux-mêmes.

Quant aux lapins que l'on appelle buissonniers, en terme de chasse, c'est-à-dire qui ne se trouvent sur le terrain que par l'effet de l'instinct qui les y rassemble, sans que le propriétaire ait rien fait pour les y attirer, étant réputés animaux sauvages et n'appartenant pas par conséquent au propriétaire du terrain, ils ne rendent ce propriétaire responsable des ravages qu'ils exercent dans les terres voisines qu'autant que, par sa négligence à les détruire ou son refus de les laisser détruire, ils se sont multipliés au point de devenir nuisibles. (Code civil, art. 524 et suivants.)

MANIÈRE D'ÉCARTER LES LAPINS DES VERGERS ET DES VIGNES.

Quand vous voulez préserver une pièce des dégâts des lapins, il faut avoir soin de planter tous les quatre à cinq jours, à six pieds l'un de l'autre, des petits bâtons soufrés auxquels on met le feu. L'odeur seule suffit pour éloigner les lapins.

APERÇU DES DÉPENSES ET RECETTES.

Nous allons donner un tableau exact des dépenses, des pertes de toute espèce, des recettes.

Il pourra contribuer à déterminer chaque personne peu aisée à élever une petite quantité de lapins. Cette éducation partielle ne présente ni inconvénient, ni difficulté; elle procure un revenu certain.

Supposons que l'on commence l'opération en petit; il suffit d'acheter huit femelles et un mâle. Que les nourrices soient toujours de l'âge de six mois à quatre ans au plus, pour que tous les cinquante jours elles puissent produire une portée. Evaluons le nombre des portées à six par an l'une dans l'autre, ce qui produira, dans l'année, quarante élèves par nourrice, et trois cents environ par huit femelles. Si l'on vend les élèves à l'âge de cinq mois, à raison de 1 fr. 50 c. l'un, on verra une recette de 450 fr. que produiront huit femelles et un mâle. Si l'on avait 420 nourrices produisant chacune 40 élèves, la recette totale s'élèvera à 25 mille fr. La vente des premières portées couvrira tout de suite les frais déboursés pour achat et nourriture.

Maintenant, on peut démontrer l'avantage que peut offrir cette branche d'industrie exploitée en grand, en établissant les frais qu'occasionnent cent nourrices et les bénéfices qu'on en pourrait retirer. Voyez ci-après l'aperçu des dépenses, tant pour logement que pour achat des fondateurs, pour les cabanes, la nourriture, les employés, auquel on a joint les frais accessoires, les non valeurs, les chances de mortalité, etc.

Etablissons d'abord nos calculs sur le nombre *deux cents*, il sera facile de se rendre compte des résultats que produiraient 3 et 400 nourrices.

Frais de premier établissement.

POUR 200 NOURRICES.

200 femelles et 25 mâles à 3 fr.	675 fr.
240 cabanes.	2,000
Une marmite et un baquet.	10
Seaux de bois, balais et autres ustensiles.	70
Un cheval.	300
Voitures et paniers.	400
Frais divers.	200
Total. . . .	3,655 fr.

Ce capital constitue 182 fr. 75 c. de rente 5 pour cent.

Frais pour une année.

Logement.	300 fr.
Employés pour porter l'herbe et vendre.	1,500
Nourriture du cheval.	600
Ecurie.	100
Impôts.	100
Nourriture et coucher des lapins. . .	4,000
Frais imprévus, mortalité.	218
Intérêt du capital.	182
Total. . . .	7,000 fr.

Remarquez bien que les frais de nourriture ne seront pas toujours les mêmes, attendu qu'on vendra les petits au fur et à mesure.

VENTE DES LAPINS.

Une nourrice fera 6 portées par an, et donnera 40 petits au moins. Si nous tenons compte de tous les accidents, nous aurons :

1re portée : 1,200	lapins pouvant être vendus dès le 5e mois, à 1 fr. 25 c., minimum.	1,500 fr.
2e portée : 1,200	pouvant être vendus 50 jours après.	1,500 fr.
3e portée : —	—	1,500
4e portée : —	—	1,500
5e portée : —	—	1,500
6e portée : —	—	1,500
	Total. . . .	9,000 fr.

Il faut observer que chaque nourrice donnera plus de 40 petits par an ; que les lapins seront vendus au-dessus du prix de 1 fr. 25 c. ; que les frais peuvent se réduire, etc.

Récapitulation.

Prix des ventes opérées au plus bas prix.	9,000 fr.
Résumé des frais a leur maximum. . .	7,000
Bénéfice net avec 200 nourrices. . . .	2,000 fr.

RÉSUMÉ.

Vous voyez le bénéfice que vous pouvez vous procurer avec 200 nourrices ; il vous est facile d'en déduire celui que vous donneraient 300 nourrices, 400, etc. L'homme peu aisé peut commencer avec un minime capital. Il suffit de débourser 18 fr. pour acheter 4 femelles et 1 mâle, plus, le montant de la nourriture pendant 6 mois, et le prix des 5 premières cabanes à établir. Mais, après 6 mois, la vente de la première portée l'aura couvert d'une partie de ses déboursés.

Quant au capitaliste assez riche pour débourser de suite quelques milliers de francs, il peut prévoir un bénéfice considérable, et beaucoup plus certain que celui qu'il pourrait espérer d'entreprises chanceuses, où il court grands risques de perdre intérêts et capital.

TABLE.

Imprimerie de Pommeret et Moreau, quai des Augustins, 17.

On trouve chez le même Libraire (*).

L'art de découvrir les sources propres à donner naissance à des fontaines jaillissantes ou montantes de fond, avec un aperçu des dépenses qu'entraîne leur établissement. Ouvrage accompagné de pl. coloriées; par Paul Tournier, ingénieur civil. Prix : 1 fr. 25 c.

Nouvel art d'élever les poules, les poulets et les chapons, soit à la ville, soit à la campagne. Moyen de se faire un revenu annuel et réel de 2,500 fr. — Industrie à la portée du pauvre comme du riche; par François Routillet, fermier près du Mans. 2e édition, considérablement augmentée. Prix : 50 c.

Nouvel art d'élever et de multiplier les pigeons de colombier et de volière, à la ville et à la campagne. Moyen infaillible de se faire une rente annuelle de 2,500 fr. — Industrie à la portée du pauvre comme du riche; par M. Bois, agriculteur à Saint-Jean-d'Étreux (Bresse). 2e édition. Prix : 50 c.

Nouvel art d'élever, de multiplier et d'engraisser les canards. Moyen de se faire un revenu annuel de 1,500 à 2,000 fr. — Industrie lucrative; par François Routillet, ancien fermier près du Mans. Prix : 50 c.

La vraie manière d'élever, de multiplier et d'engraisser les oies, à la ville et à la campagne. Moyen de se faire une rente annuelle de 2,400 fr. — Industrie avantageuse; par C.-L. Benoît, meûnier à Châtillon. Prix : 50 c.

Nouvel art d'élever, de multiplier et d'engraisser les dindons. Moyen de se faire un revenu annuel de 3,000 fr.; par F. H. Chevassu, cultivateur, maire de Châtillon. Prix : 50 c.

La vraie manière d'élever et de multiplier les abeilles. Moyen de se faire un revenu annuel de 2,600 fr. — Industrie à la portée du pauvre comme du riche; par Auguste Lombard, fermier à Prépavin. Prix : 50 c.

L'art de faire produire les vaches laitières, à la ville comme à la campagne, suivi de la ***Manière de faire toutes espèces de fromages***; par J.-B. Nicolot, nourrisseur. Prix : 50 c.

L'art d'élever, de multiplier et d'engraisser les porcs, avec économie de temps et de nourriture. Moyen de se faire un bénéfice de 3,300 fr. chaque année; par Célestin Bailly, fermier à Rozel-la-Laresse. Prix : 50 c.

L'art d'élever les chèvres et de les faire produire, à la ville comme à la campagne, suivi de la ***Fabrication des fromages***; par un habitant du canton du Mont-d'Or. Prix : 50 c.

Nouvel art d'élever, de multiplier et d'engraisser les moutons. Moyen de se faire un revenu annuel de 2,000 fr.; par Joseph Morel. — Prix : 50 c.

L'art d'élever et de multiplier les serins, par Jules Jannin, oiselier. Prix : 50 c.

(*) En envoyant un mandat sur la poste, et en y ajoutant 35 c. en sus du prix du premier ouvrage, et 10 c. en sus du prix de chacun des autres, on les recevra franc de port. (Affranchir.)

PARIS. — IMPRIMERIE DE POMMERET ET MOREAU, QUAI DES AUGUSTINS, 17.

www.ingramcontent.com/pod-product-compliance
Ingram Content Group UK Ltd.
Pitfield, Milton Keynes, MK11 3LW, UK
UKHW022152170726
13837UKWH00004B/1940

9 782329 215587